APRÈS SEPT ANNÉES DE LUTTE

MES EXPÉRIENCES, MES RÉSULTATS

RECONSTITUTION DES VIGNOBLES

PAR LES

RÏPARIAS GÉANTS GLABRES

ET LES

JACQUEZ FRUCTIFÈRES

PAR

Léon MARTIN

Avocat à la Cour d'appel de Paris
Viticulteur à Saint-Félix (Charente-Inférieure)
Lauréat du Concours général agricole de Paris en 1887
pour produit de Vignes américaines

TYPOGRAPHIE OBERTHUR, RENNES—PARIS

1887

AVANT-PROPOS

En présence de la disparition de mon vignoble, tantôt
lente, tantôt foudroyante, mais enfin complète, je dus me
mettre à lutter contre ce terrible insecte : le phylloxera.

Après sept ans de luttes, par des expériences de toutes
sortes, je suis arrivé à des résultats très satisfaisants. Ces
expériences, ces résultats, je vais les exposer ici dans
l'intérêt de tous.

Cet exposé fait, je m'estimerai heureux si j'ai pu me
rendre utile aux vignerons en les encourageant et en leur
indiquant les moyens de voir leurs efforts couronnés de
succès.

La culture de la vigne est la seule, en effet, qui, en
mon pays comme en bien d'autres, soit lucrative; la seule
qui puisse ramener la gaieté et la richesse dans tous ces
pays désolés et appauvris; la seule encore qui, permettant
aux vignerons d'élever leur famille, parfois nombreuse, les
attache au sol et les empêche d'aller augmenter, dans la
ville, le nombre, déjà trop grand, du peuple ouvrier, de ce

peuple ouvrier dont les souffrances, conséquences d'une crise générale dans tous les pays, sont à considérer et n'ont. pas besoin d'être augmentées par cette sorte de concurrence, entre ouvriers, qui découle forcément de l'abondance des travailleurs dans les villes.

Efforçons-nous donc de faire disparaître tous ces maux viticoles et, avec leur disparition, nous trouverons l'ouvrier à sa ville, le vigneron à sa vigne, ce qui doit toujours être pour ne pas voir rompre l'équilibre du travail.

DIVISIONS.

Pour l'intelligence de l'ouvrage, je diviserai l'étude que nous allons suivre en quatre chapitres :

I. — La vigne avant le phylloxera.

II. — La lutte et la reconstitution des vignobles par les plants américains (ce sera la partie de beaucoup la plus importante).

III. — Les traitements curatifs par les insecticides.

IV. — Enfin le chapitre quatre sera consacré à l'exposé de la cryptogame le mildew et aux moyens de la combattre avec succès.

CHAPITRE I

Personne n'ignore que Noé planta la première vigne au lendemain du Déluge; que, le premier, il fit le vin et que l'histoire nous représente le vénérable patriarche ayant péché par gourmandise.

C'est donc des régions qui virent naître nos pères, de l'Asie, que nous vient la vigne de l'espèce *vinifera*.

Peu à peu, des espaces considérables furent plantés, et, au dire de notre maître en viticulture, le regretté docteur Guyot, la vigne couvrait en France, en 1788, environ un million trois cent quarante-six mille hectares; en 1829, un million neuf cent quatre-vingt-dix mille; en 1849, deux millions cent quatre-vingt-treize mille; en 1852, deux millions trois cent mille, et, depuis ce temps, sa superficie s'est accrue au point d'atteindre, en 1870, plus de deux millions cinq cent mille hectares.

A la vigne étaient réservés les plus mauvais terrains, les coteaux secs et pierreux, et les vignerons, enhardis par le succès, défrichaient, défrichaient sans cesse, escaladaient les pentes les plus abruptes, construisant des murs de soutènement pour retenir les terres et les empêcher d'être entraînées par les eaux pluviales.

C'est ainsi que l'on plantait la vigne à Banyuls, à Port-Vendres, Collioure et dans le Rhône, dans les parages de Condrieux, où se récoltaient les excellents vins de la Côte-Rôtie et de l'Hermitage.

C'était un spectacle grandiose que ces terrasses se succédant jusqu'au sommet de la montagne, recouvertes d'une parure verdoyante où l'œil se reposait agréablement.

Les meilleurs, les plus généreux, les plus riches vins se récoltaient sur le flanc de ces montagnes; et les malades ont dû souvent le retour de leurs forces, après une longue maladie, au généreux et délicieux Banyuls.

Parlerai-je des côteaux du Quercy qui produisaient les vins recherchés de Cahors; ces mamelons à la terre si ingrate, que l'on a pu dire que le sol, après le labour, ressemblait à une route nouvellement construite, entièrement recouverte de pierres concassées.

De tout cela, il ne reste plus que quelques parcelles, çà et là, dans un état de dépérissement manifeste.

Qu'a-t-il donc fallu pour détruire et tarir cette source de fortune? — Presque rien, un être infiniment petit, le *Phylloxera vastatrix*, un insecte du Nouveau-Monde, entre les mandibules microscopiques duquel est venu fondre tout le fruit de pénibles labeurs.

Le mal, s'étendant lentement, mais sûrement, comme une tâche d'huile, débutait par le sommet de la colline, descendait peu à peu les pentes, répandant la ruine jusque dans les plaines les plus fertiles; de même que la lave incandescente du volcan coule lentement et couvre tout le terrain qui l'environne de misère et de désolation.

D'où nous vient le phylloxera.

Assurément de l'Amérique; mais à quelle époque, et par qui a été introduit en France le funeste insecte?

Chacun se renvoie la balle, peu désireux d'avoir joué un rôle aussi dévastateur.

Faisons un peu l'historique de la question, et nous verrons que, si imprudence il y a eu, plusieurs peuvent également se partager les responsabilités.

Les uns accusent l'importation de M. Laliman, en 1866, à Bordeaux; les autres celle de M. Borty, en 1862, à Roquemaure.

Je ne crois pas que M. Laliman soit le premier importateur de l'insecte. Car, comme je l'ai dit plus haut, ce n'est qu'en 1866 qu'il reçut ses boutures du Nouveau-Monde. Mais il est bon de noter que c'est lui qui signala, le premier, en 1869, au congrès vinicole de Beaune, quelques espèces de vignes américaines, qu'il assurait être résistantes au phylloxera, comme moyen de reconstituer les vignobles en train de disparaître : d'où l'accusation portée contre lui.

Bien avant 1866, nombre de plants de vignes américaines avaient été distribués entre les collectionneurs; le comte Odart, le célèbre ampélographe, en possédait plusieurs pieds à la Dorée. — Le jardin botanique de Dijon en a possédé huit ou dix variétés de 1842 à 1858. — Le jardin d'acclimatation, dans l'ancienne collection du Luxembourg, possède plusieurs échantillons de ces vignes.

C'est pour échapper aux ravages de l'oïdium, qui menaça

un instant d'une destruction complète le vignoble français et la vigne de l'espèce *Vitis vinifera* dans tous les pays où elle était cultivée, que nombre de personnes, ayant ouï dire que les cépages d'Amérique résistaient à cette maladie cryptogamique, en importèrent d'assez grandes quantités qu'ils greffèrent sur leurs vignes attaquées par l'oïdium.

C'est donc la recherche de la guérison de cette première forme de la maladie de la vigne qui est cause de l'apparition du terrible fléau qui a tué le malade que l'on voulait rappeler à la vie.

A cette source, et à cette source seulement, il faut attribuer le phylloxera, et non pas au prétendu épuisement des terrains trop longtemps cultivés en vignes, puisque de jeunes vignobles, plantés dans des terres qui avaient été cultivées jusqu'ici en céréales et en légumineuses, ont été détruits comme les plantations centenaires.

De la découverte du phylloxera.

Au mois de juillet 1868, une délégation de la Société d'agriculture de l'Hérault, qui, de tout temps, a brillé au premier rang, composée de MM. Gaston Bazille, Planchon et Sahut, alla étudier sur place la nouvelle maladie de la vigne qui ravageait la Provence.

Le premier exemple de grande mortalité, qu'il fut donné à ces Messieurs d'observer, se trouva dans la propriété de M. de Lagoy, située près de Saint-Martin-de-Crau : huit hectares avaient péri. — Ailleurs, en Vaucluse, dans les Bouches-du-Rhône, dans le Gard, l'affaiblissement, le dépérissement des souches assez nombreuses, disséminées çà et là, dénotait la présence du mal et présageait la destruction.

Laissons à la plume de M. Sahut le soin de nous conter la découverte du terrible puceron. On ne saurait mieux dire :

« C'est au cours de cette tournée d'exploration que
» se rattache la découverte du phylloxera de la vigne qui
» fut faite dans le vignoble situé sur le plateau attenant au
» château de Lagoy, près Saint-Remy (Bouches-du-Rhône),
» dans la journée du 15 juillet 1868.

» Voici en peu de mots les circonstances qui amenèrent
» cette découverte, paraissant tout d'abord avoir une grande
» importance, parce qu'on était amené à penser qu'on
» aurait facilement raison de ce redoutable ennemi de nos
» vignobles ; on pouvait, en effet, maintenant qu'on le
» connaissait, espérer, avec beaucoup de raison, qu'il serait
» facile de trouver quelques moyens pour nous en débar-
» rasser. Malheureusement cette découverte n'a pas été
» réellement d'une bien grande utilité pratique, puisque
» nous en sommes encore à rechercher un moyen efficace
» pour préserver nos vignobles d'une perte certaine, et que
» des centaines de milliers d'hectares ont été déjà anéantis,
» occasionnant ainsi une perte qui se chiffre par une dimi-
» nution de plusieurs centaines de millions dans les revenus
» de la richesse nationale.

» Les nombreux renseignements qui étaient parvenus
» d'un peu partout, à notre Société d'agriculture, s'accor-
» daient toujours sur ce point que le mal commençait par
» une souche et s'étendait progressivement, tout autour,

» comme une tâche d'huile, selon l'heureuse expression de
» notre collègue M. Gaston Bazille, expression qui carac-
» térisait, en effet, très exactement les signes apparents de
» cette nouvelle maladie.

» J'avais été frappé, pour ma part, de l'analogie qui
» semblait exister entre ces apparences extérieures qu'on
» nous signalait et celles de la mortalité survenant dans
» la culture de la luzerne, dont les effets se manifestaient
» extérieurement de la même manière.

» Ici, c'étaient également, et ce sont encore dans les
» luzernières, de petits points isolés sur lesquels la plante
» se dessèche et meurt, et qui s'agrandissent ensuite pro-
» gressivement tout autour, comme une tache d'huile.

» Si on examine les racines des plantes de luzerne ainsi
» atteintes, on ne tarde pas à découvrir, en pareils cas, les
» filaments blanchâtres d'un champignon souterrain qui vit
» en parasite sur la racine, l'enveloppant de toutes parts et
» amenant bientôt sa décomposition.

» Il y avait là une certaine similitude dans les effets
» produits par les deux maladies, et je présumais dès lors
» que nous pourrions bien avoir affaire, comme pour la
» luzerne, à quelque parasite des racines, que je supposai,
» pour cette raison, devoir être plutôt une cryptogame qu'un
» insecte.

» C'est sous l'influence de cette idée que j'eus la pensée
» de faire arracher des racines sur des vignes déjà atteintes,
» pour les examiner attentivement, afin de m'assurer si elles
» ne décelaient pas la présence de quelque champignon
» analogue à celui de la luzerne; et c'est ainsi, en prome-
» nant ma loupe sur l'épiderme de ces racines de vigne,
» que je découvris alors quelques petits points jaunes, que

» je montrai immédiatement à M. Planchon, et que mon
» savant collègue supposa, tout d'abord, être des *cocci-*
» *diens* fixés sur la racine; mais en remarquant que les
» jeunes individus de cette petite colonie se mouvaient,
» M. Planchon, modifiant sa première opinion, pensa avoir
» affaire, alors, à des pucerons. La sagacité bien connue de
» notre savant professeur dans la détermination des carac-
» tères qui distinguent les espèces, lui avait fait entrevoir
» ainsi, dès le premier moment, ce que M. Balbiani faisait
» remarquer bien longtemps après, à savoir, que le *Phyl-*
» *loxera vastatrix* n'est pas un vrai *aphidien* (puceron),
» mais qu'il se rapproche, par quelques-uns de ses carac-
» tères, des véritables *coccidiens* (cochenilles).

» A partir de ce moment, et pendant plusieurs jours,
» visitant du matin au soir, et cela par une température
» sénégalienne, tous les vignobles qu'on nous avait signalés
» comme étant attaqués par la nouvelle maladie, nous
» faisions partout extraire des racines sur les souches
» malades, et partout aussi nous remarquions que notre
» puceron se mouvait sur ces mêmes racines, en très grandes
» quantités.

» Faisant ensuite la contre-épreuve, nous pûmes facilement
» nous convaincre aussi, que là où les souches étaient très
» vigoureuses et éloignées des centres d'attaque, les racines
» se montraient exemptes de ce même puceron.

» Nous ne tardâmes donc pas à être persuadés que c'était
» bien là la cause du mal. »

Est-ce à dire que nous devons abandonner, à tout jamais,
l'espoir de voir nos grands vins du Bordelais, de la Bour-
gogne, de la Champagne, nos inappréciables eaux-de-vie des

Charentes, pour ne citer que les principaux crus, comme autrefois, porter aux quatre coins du monde le nom de la France? — Non certes! car, par le greffage de nos meilleures espèces indigènes sur cépages américains résistants, nous récolterons, comme par le passé, avec nos vins inimitables, une ample moisson de richesses.

CHAPITRE II

LA LUTTE ET LA RECONSTITUTION DES VIGNOBLES PAR LES CÉPAGES AMÉRICAINS RÉSISTANTS

Lorsque vous parcourez les contrées où florissait, hier encore, la culture de la vigne; que votre regard est attristé par la désolation qui règne partout, il vous arrive tout à coup d'apercevoir un coin vert et plein de vie. Vous croyez reconnaître la vigne, et cependant vous êtes encore incrédule, car vous vous dites que la chose est impossible, que le phylloxera a tout ravagé et que vous êtes la victime d'un mirage trompeur.

Mais, au fur et à mesure que vous avancez, que vous vous rapprochez, vous constatez, avec plaisir, que vous n'étiez pas le jouet d'une illusion et que ce sont bien des pampres de vignes longs et vigoureux; que les feuilles larges et brillantes que vous touchez sont bien des feuilles de vigne.

Questionnez-vous l'heureux propriétaire de cette plantation privilégiée, il vous répondra : Ce sont des vignes américaines; voyez les résultats.

Je vous tiendrai le même langage.

C'est de mes plantations et des résultats que j'ai obtenus dont je vais vous entretenir.

Il y a près de huit ans que le phylloxera fit son apparition dans le vignoble de Saint-Félix près Surgères (Charente-Inférieure); trente-six mois après on voyait sur ces beaux coteaux, dans ces fertiles plaines, où se récoltaient d'excellents vins réservés, partie pour la consommation directe, partie distillés et transformés en délicieuses eaux-de-vie, on voyait, dis-je, s'élever, en forme de pyramides, les ceps de vignes que la pioche du vigneron avait arrachés.

Sans attendre que mon dernier cep de vigne eût disparu, je me suis mis résolument à l'œuvre, et j'ai combattu pied à pied l'ennemi.

Les régions méridionales, ayant eu tout d'abord la visite du terrible puceron, avaient commencé la lutte; je décidai donc un voyage dans le Midi pour étudier *de visu* les moyens employés et les résultats dans la lutte contre le phylloxera.

De mon voyage je rapportai d'utiles indications. Je vais vous les soumettre, vous montrant le bon et le mauvais côté de chaque chose.

Clinton.

Le *clinton* fut le premier cépage américain planté sur une large échelle dans les vignobles méridionaux. On l'accueillit d'abord avec une faveur exagérée; c'était le vrai plant, le seul plant capable de sauver tous les vignobles de France.

Malheureusement, de nombreux échecs découragèrent les vignerons qui l'avaient planté, un peu à tort et à travers, dans des milieux qui ne lui convenaient pas, et le *clinton* tomba dans une disgrâce complète.

Cependant, dans certains milieux, il a donné d'excellents résultats.

C'est un plant très sujet à la chlorose dans les terres fortes, froides et humides. Ce sont les terres légères, de moyenne consistance, perméables et fraîches, dans lesquelles on peut le cultiver. Et même dans ce cas, le *riparia géant glabre* est préférable.

C'est donc avec raison que l'on peut tenir le *clinton* en légitime suspicion.

Taylor.

Lorsque le *taylor* est placé dans des conditions qui lui sont favorables, sa vigueur, la facilité avec laquelle s'enracinent ses boutures, son aptitude à accepter et à entretenir les greffes des divers cépages français qu'on lui confie, en font un plant précieux.

Mais malheureusement, comme son aîné le *clinton*, il ne prospère pas partout. Ses terrains de prédilection sont les sols de consistance moyenne ou un peu forts, perméables ou soigneusement drainés, les terres légères, mais fraîches. En dehors de ces sols, il dépérit promptement.

Vialla.

Hybride de *Vitis riparia* et de *labrusca*, très estimé dans la région du Centre, Lyonnais et Beaujolais, aime les terres friables et fraîches que l'on trouve dans ces contrées, même sur les coteaux, accepte très bien la greffe du gamay.

En un mot, c'est un bon cépage pour les terres granitiques conservant leur fraîcheur en été.

Rupestris.

Cépage encore trop peu connu, pour pouvoir se prononcer; on nous le donne comme résistant et poussant vigoureusement dans les terres sèches et arides.

Depuis quatre ans j'en ai planté un millier dans des terrains secs, pierreux et si peu fertiles que, dans beaucoup d'endroits, il a fallu avoir recours à la poudre à mine et à la dynamite pour faire sauter des quartiers de roc qui étaient à fleur de terre. Côte à côte avec des *riparias géants glabres*, le *rupestris* se comporte bien et brave la chlorose ou jaunisse qui est un ennemi redoutable pour les divers cépages américains.

On peut en planter, mais je préfère le *riparia géant glabre* qui a fait ses preuves.

Une particularité dans ce cépage, c'est qu'il est buissonnant; les rameaux au lieu d'être en petit nombre et de s'étendre en longueur comme les autres espèces, sont relativement courts, et, en très grand nombre, partent du tronc ou du sarment principal, de telle sorte que de loin on dirait un buisson, d'autant plus que la feuille s'éloigne de beaucoup des espèces typiques de la vigne et ressemble à celle de l'abricotier : même couleur vert sombre aux reflets gris plomb. C'est là la meilleure espèce des *rupestris* qui sont nombreuses.

Solonis.

Le *Solonis* est probablement une race sauvage du *riparia*. Sa feuille, d'un vert cendré à la face supérieure avec des poils hérissés à la face inférieure, porte deux rangées de dents aiguës dont quelques-unes plus longues dessinent les lobes. La feuille affecte légèrement la forme d'une tuile. Ce sont là des signes très caractéristiques qui permettent de distinguer le *Solonis* parmi toutes les autres espèces.

Dans les contrées à sous-sol crayeux et tuffeux c'est un cépage à essayer : de même dans les terres humides, voire même salées, où je l'ai vu très vigoureux.

Le reproche que l'on peut lui faire, c'est de reprendre assez difficilement de bouture, surtout lorsque l'on plante de gros sarments. On doit être satisfait d'une réussite de 75 0/0.

York Madeira.

Considéré comme un semis de *labrusca,* l'*Isabella* sans doute, ce cépage était peu estimé en Amérique. Depuis déjà longtemps, il a été introduit en Europe. La végétation de ce plant n'est pas vigoureuse, elle est plutôt faible. L'avantage que présente l'*York Madeira,* c'est que, mieux que les diverses variétés à grand développement, il paraît résister à la taille courte. Ce n'est pas à dédaigner, car il ne serait pas besoin de tailler à long bois les greffons qui le coifferaient et on pourrait ne pas modifier la manière de faire de bien des vignobles qui taillent court.

Cependant la croissance de l'*York Madeira* est si lente,

(j'en ai quelques centaines de pieds depuis six ans), que je lui préfère le *riparia géant glabre* qui pousse à ses côtés avec vigueur. L'*York Madeira* produit quelques petites grappes, d'un raisin au goût foxé; la production est peu abondante.

En résumé, c'est un cépage à cultiver dans les terrains secs et pierreux, peu fertiles, mais sur une petite échelle.

Riparia géant glabre.

Après bien des tâtonnements, après des essais chaque année répétés, sur toutes les espèces de vignes américaines que j'ai plantées à Saint-Félix, c'est au *riparia géant glabre* que je me suis arrêté et celui que j'ai planté en grand sur plus de soixante hectares.

L'espèce américaine dénommée *riparia* se trouvait déjà très anciennement en Europe chez plusieurs collectionneurs.

Dès 1873, elle fut introduite en France, en grandes quantités, par M. Fabre de Saint-Clément et propagée dans les plantations.

Depuis cette époque, on a planté de nombreuses boutures de *Riparia* provenant directement d'Amérique; et comme ces boutures avaient été récoltées aux États-Unis sur les rives des cours d'eau, et principalement sur les bords de l'Ohio et du Mississipi, où les vignes grimpant le long des arbres, forment de véritables lianes, on a trouvé parmi toutes ces vignes des types présentant des caractères variés.

Aussi a-t-il fallu trier, choisir, sélectionner, et c'est par de longues études, répétées chaque jour pendant sept ans, que je suis arrivé à reconnaître, parmi les premiers mille pieds que j'avais reçus d'Amérique, les deux ou trois types qui s'accommodaient le mieux des terres de Saint-Félix et y poussaient à merveille. C'étaient les *riparias géants glabres*.

Les *riparias géants glabres* peuvent être ainsi décrits : Feuilles dépourvues de poils à la face supérieure, dès leur jeune âge, et tantôt complètement glabres, tantôt revêtues de quelques pointes raides à la face inférieure et sur les nervures seulement; feuilles dentelées et larges; le bois marron, vineux ou violet. Ce cépage reprend très facilement de boutures, aussi facilement que les plants de nos pays.

Je n'ai conservé que les seuls pieds présentant les caractères très tranchés des types qui s'étaient faits à mon terrain, et ce sont ces seuls pieds que j'ai multipliés et que j'ai plantés.

La nature du sol de Saint-Félix est argilo-calcaire, la couche de terre végétale, fortement colorée en rouge par l'oxyde de fer, est peu épaisse, vingt-cinq à trente centimètres en moyenne, et repose sur un sous-sol de calcaire fendillé du genre oolithique dans certaines parties.

Les terres conservent assez bien leur fraîcheur pendant l'été, mais, en raison du sous-sol fendillé, comme je l'ai dit plus haut, sont très perméables.

C'est là la composition chimique et géologique de la plus grande partie de la propriété. Une faible partie est argileuse, tant par le sol que par le sous-sol; j'en parlerai plus loin.

C'est dans ces sols argilo-calcaires que mes *riparias géants glabres* font merveille, poussant avec une vigueur très grande des sarments de plusieurs mètres de long.

Pour vous donner une idée de la puissance de végétation de ce cépage, je vous citerai les faits suivants :

Dans les premiers jours de mai 1886, je greffai quelques pieds de *riparias géants glabres* âgés de quatre ans, d'un cépage rare que je voulais multiplier rapidement; trois mois après, fin juillet, mon greffon qui avait huit centimètres de longueur seulement, au moment du greffage, avait fait une pousse de trois mètres cinquante centimètres, et fin septembre, la longueur totale de ce pampre était de quatre mètres; plusieurs pieds avaient deux ou trois raisins qui arrivèrent à parfaite maturité.

Cette année, au moment où je trace ces lignes, fin septembre, ces mêmes pieds de vigne, conservés à longue taille, portent en moyenne vingt-cinq raisins chaque. Un pied en a, pour lui seul, cinquante-deux.

Quatre hectares plantés en racinés en 1885, greffés en 1886, montrent cette année une moyenne de douze raisins qui sont fort beaux.

Comme conclusion, je vous dirai : Si vous avez des terres présentant une grande analogie avec celles de Saint-Félix, c'est-à-dire des terres argilo-calcaires ferrugineuses, avec sous-sol perméable, s'égouttant facilement par des fissures, tout en retenant une fraîcheur suffisante pour lutter contre la sécheresse, plantez hardiment les *riparias géants glabres*, greffez ces riparias avec vos meilleures espèces de pays et, trois ans après la plantation, vous êtes certain de récolter abondamment.

Mais prenez garde à l'étiquette trompeuse de plants américains, de *riparia!* Comme je l'ai dit plus haut, parmi les plants américains en général et les *riparias* en particulier, il y en a bien peu de bons : ne plantez que les *riparias géants glabres;* n'accordez pas votre confiance au premier vendeur de plants venu; rendez-vous vous-mêmes sur les lieux pour voir les résultats obtenus, et si vous ne pouvez pas vous absenter, adressez-vous à des personnes honorables et dignes de confiance.

DES CÉPAGES AMÉRICAINS PRODUCTEURS DIRECTS

Pour éviter les embarras du greffage, question aujourd'hui des plus simples, mais qui effrayait alors les vignerons, on importa d'Amérique plusieurs espèces de vignes que l'on espérait résistantes et produisant naturellement et abondamment le vin.

Je n'énumérerai pas toutes les espèces introduites, car leurs vins foxés au goût indéfinissable de framboise, de fraise ou de café, acceptés par les palais peu difficiles des Américains, ne sauraient jamais convenir à nos gourmets habitués à nos excellents vins de France.

Je ne parlerai que des deux principaux cépages : le *jacquez* et l'*herbemont*. Ils sont, en effet, remarquables par la qualité de leurs vins, et dans certains terrains ils peuvent être utilement employés comme porte-greffe, en raison de leur résistance au phylloxera.

J'examinerai aussi l'*othello,* à cause de l'abondance et de la qualité de son vin, bien que sa résistance au phylloxera ne soit pas encore suffisamment établie.

Jacquez.

Le cépage aujourd'hui si connu et si estimé, dans nos contrées, sous la dénomination de *jacquez,* est un hybride ou du moins a toutes les apparences d'un hybride. — Par la vigueur de son feuillage, la couleur carmin des extrémités tendres de ses rameaux, par l'écorce de son bois qui est plus unie et plus adhérente que dans les cépages européens, il accuse le type *œstivalis*. Mais, par d'autres côtés, le *jacquez* rappelle des liens de parenté avec les vignes d'Europe.

Le *jacquez*, d'abord planté aux États-Unis, ne donna aucun bon résultat : le mildew et la carie noire l'attaquèrent, et on dut en abandonner la culture.

Il fut introduit en France par M. Laliman, de Bordeaux, qui en recommanda la culture, et à la même époque, sinon auparavant, par M. Borty, dans le Gard.

Le *jacquez* est d'une végétation luxuriante, et sa vigueur est telle que, malgré la présence du phylloxera sur ses racines, on peut le considérer comme un plant résistant. Car si quelques racines sont piquées par le phylloxera, la sève, dont l'abondance est grande, vient bien vite cicatriser la plaie.

Le *jacquez* prospère dans de nombreux terrains; mais où il se plaît de préférence et remplace avantageusement tout autre cépage américain, qui y ferait triste mine, c'est dans les terres argileuses, à sous-sol d'argile ou de marne tendre. Ses fortes racines traçantes courent sur ce sous-sol qu'elles ne peuvent traverser, s'y cramponnent et y jettent, au dehors, de vigoureux sarments.

Je disais plus haut, en parlant de la constitution géologique de Saint-Félix, qu'une partie du terrain était de nature argileuse et que je me réservais d'en parler plus loin. — C'est ici le moment.

En effet tout le terrain argileux, sur une surface de quinze hectares, est planté de *jacquez*, et si vous avez des terres de même nature, c'est le *jacquez*, à l'exclusion de tout autre plant, que je conseille de planter.

Dans tous les autres terrains vous pouvez également cultiver le *jacquez* avec chance de succès, car c'est le moins difficile de tous les cépages américains.

Le reproche que l'on pourrait faire au *jacquez* serait d'être d'une reprise assez difficile au bouturage. Mais, on peut obvier à cet inconvénient, en ne mettant en place que des plants enracinés, et pour faciliter l'enracinement, il y a lieu de prendre certaines précautions, et de faire certaines opérations que j'indiquerai au chapitre du bouturage et du marcottage.

Le vin de Jacquez.

Le *jacquez*, surtout dans les milieux qui lui conviennent et en général dans les sols de bonne qualité, produit un vin alcoolique, très foncé, et que le commerce accepte facilement pour remplacer les beaux vins du Roussillon et paye de 40 à 50 fr. l'hectolitre.

On cite les magnifiques plantations de M. Azaïs-Marès dans sa propriété de la Grand-Grange, près Mèze, comme étant d'une vigueur sans égale et d'une fructification remarquable. M. Douysset, à Saint-André, possède un très beau vignoble complanté de plus de quatre-vingt mille souches qui en sont à la dixième feuille. Dans des terres privilégiées, ces Messieurs accusent des rendements de quatre-vingts à cent hectolitres à l'hectare; c'est une moyenne que l'on ne pourra atteindre que dans les sols très riches. Mais n'atteindrions-nous qu'à une récolte de trente à quarante hectolitres à l'hectare, que nous devrions nous estimer heureux; car, les hauts prix qu'atteignent les vins de *jacquez*, à cause de leur couleur très foncée, en font une culture avantageuse. Cette couleur du *jacquez* est si intense que l'on peut facilement étendre de cinq ou six fois son volume d'eau, sans que sa teinte rouge en soit par trop diminuée.

On reproche à la couleur du vin de *jacquez* d'être instable, de passer du violet au jaune ou au brun noirâtre, et d'être pour cette raison d'un emploi difficile dans les coupages. Ceci est vrai dans une certaine limite; mais il est très facile de remédier à ce défaut naturel en ajoutant à la cuve cent grammes d'acide tartrique cristallisé par hectolitre de vendange, en ayant soin de saupoudrer de la quantité d'acide tartrique voulue les raisins écrasés au fur et à mesure qu'on les verse dans la cuve. On obtient de cette façon un vin de couleur rouge foncée qui ne changera pas.

Le *jacquez* supporte très bien la greffe des divers cépages français; de telle sorte que si on a avantage à conserver les mêmes vins d'autrefois, on greffera les *Jacquez* et la réussite est certaine.

A Saint-Félix, je greffe les *jacquez* en folle jaune pour la bonne raison que ce cépage est abondant et fait de bonne eau-de-vie et que la production de l'eau-de-vie est plus rémunératrice que celle des vins de consommation, gros ou petits.

Les *jacquez* ne sont pas tous également fructifères; certains pieds même ne portent aucun fruit; il est donc bon de ne planter que des plants choisis, sélectionnés, ceux provenant de l'espèce dénommée *Lenoir* à l'école d'agriculture de Montpellier; c'est la meilleure et c'est la seule que je cultive.

Le *jacquez* doit être taillé à long bois, s'il est cultivé comme producteur direct.

Herbemont.

L'*herbemont* demande pour prospérer des terrains complets, c'est-à-dire une terre argilo-calcaire ferrugineuse, une terre à blé, avec sous-sol calcaire fendillé, permet-

tant l'écoulement facile du trop-plein d'eau. Sa vigueur,
dans ces sortes de terrains est grande, ses rameaux à écorce
glaucescente presque pruineuse, caractère propre à la plupart
des *æstivalis*, son feuillage d'un vert demi-foncé attiraient
l'attention des vignerons.

Les Américains le considèrent comme très fructifère, et
lui ont donnné le nom de *suc à vin;* en effet, chez moi,
dans d'excellents terrains, les quelques centaines de pieds
que j'ai plantés, et qui sont aujourd'hui à leur septième
feuille, sont magnifiques de végétation et chargés de raisin;
et je n'exagère rien en disant que certains ceps portent
chacun plus de cent raisins. Les raisins sont petits, comme
tous ceux produits par les cépages américains, mais ils
rendent beaucoup à la cuve, les rafles étant des plus réduites.

Le vin produit par l'*herbemont*, n'est pas foncé en couleur,
mais il est d'une netteté de goût parfaite; et en cela, bien
supérieure à tous les autres vins américains. — Il produit
une eau-de-vie très fine, et c'est le produit de la distil-
lation de l'*herbemont* que le jury du concours général
agricole de Paris a récompensé cette année, en m'octroyant
une médaille.

Dans toute la région de l'Ouest, dans le Bordelais, et
en particulier dans la commune de Camblanes, on a replanté
en *herbemont* une grande partie des vignobles détruits; les
vins récoltés ne laissent rien à désirer et ne pourront que
s'améliorer avec le temps. Pour ma part, je vais planter ce
cépage dans mes meilleures terres, car j'en suis fort satisfait.

Il résiste au mildew et à toutes les maladies cryptoga-
miques et donne une récolte abondante à *taille longue* (1).

---

(1) Voir plus loin la taille à long bois.

Je souligne taille longue, parce qu'à taille courte, il ne produit rien ou presque rien et a cela de commun avec le *jacquez*.

Le seul reproche que l'on puisse faire à *l'herbemont*, c'est qu'il se produit difficilement par le bouturage et qu'il faut avoir recours aux marcottes. C'est ce qui a fait dire avec raison à un viticulteur qu'en plantant des boutures d'*herbemont* on avait autant de réussite qu'à confier au sol des morceaux de fil de fer.

Il faut donc planter des racinés, et pour cela produire des racinés; la chose est des plus simples en pratique; je l'expliquerai au chapitre boutures et marcottes.

Au cas où l'on tiendrait essentiellement aux mêmes cépages qu'autrefois, il est facile de les greffer sur *l'herbemont* avec toute chance de succès.

Othello.

L'*othello* est un hybride, à un plus haut degré encore que le *jacquez*; il accuse avec nos vignes européennes un degré de parenté bien plus étroit que ce dernier.

L'*othello* a été obtenu d'un semis fait par M. Charles Arnold de Paris (Canada). Il est le produit de l'hybridation d'un cépage, improprement dénommé *clinton* au Canada, dont les fleurs auraient été fécondées par le pollen du Black-Hamburgh ou Frankenthall, le bel et magnifique raisin aux grosses graines noires que l'on cultive dans toutes les serres et qui concurrencie les chasselas à Thomery.

C'est un cépage très fertile que l'*othello*; il tient de son père par la grosseur des raisins, mais il décèle la nature de sa mère par un léger duvet qui recouvre la surface inférieure de ses feuilles et le goût foxé du vin qu'il produit. Cependant ce goût foxé diminue au fur et à mesure que l'on s'éloigne du Midi, et par une cuvaison très courte, quelques jours seulement, on évite presque complètement le goût foxé; car c'est dans l'enveloppe du raisin qu'est le siège de ce goût; et moins longtemps le jus du raisin se trouve en contact avec la pulpe, moins le vin se ressent de ce fâcheux voisinage.

L'*othello* prospère dans la plupart des terrains; il reprend très facilement de boutures; malheureusement son origine hybride ne permet pas de le regarder comme absolument résistant; mais sa végétation est si grande, si puissante, qu'il peut utilement lutter contre les phylloxeras qui couvrent ses racines. C'est ainsi qu'il est très beau et très fructifère chez M. Félix Sabatier, dans son vignoble de Maurin, où il vient partout, même dans les terres les plus mauvaises.

Je conseillerai d'en planter quelque peu, à titre d'expérience seulement, car c'est un cépage d'importation assez récente et qui n'a pas encore fait ses preuves.

Je crois à son avenir, et le plante avec confiance; car il se met promptement à fruit et une ou deux récoltes suffisent amplement à dédommager de tous les frais faits.

On dit que les feuilles de l'*othello* craignent le soufre et tombent sous l'influence de la poudre de soufre que l'on emploie pour combattre l'oïdium.

Comme je n'ai jamais d'oïdium chez moi, je n'ai pas à employer de soufre, et je ne puis, en conséquence, affirmer *de visu* le fait; mais j'ai cru devoir le signaler.

PROCÉDÉ DE MULTIPLICATION DE LA VIGNE.

La vigne peut se multiplier par *semis, bouture, marcotte* et *greffe*.

Semis.

Par les semis, on peut atteindre deux buts distincts : 1° la production de porte-greffes résistants; 2° la création de variétés nouvelles.

Les individus nouveaux issus du semis diffèrent d'une manière très sensible, parfois, de ceux qui les ont produits. Les modifications ainsi subies peuvent présenter des avantages considérables. — Je ne citerai comme exemple que les diverses variétés de vignes obtenues par Bouschet de Bernard, par hybridation de plusieurs cépages du Midi, avec le teinturier mâle du Cher.

Le teinturier était peu productif, mais avait un jus d'une couleur très intense; l'aramon au contraire donnait un vin abondant, mais peu coloré; Bouschet créa, par hybridation et semis, un cépage qui porte son nom, le *Petit Bouschet;* là se trouvent réunies abondance et couleur.

Mais s'il est vrai que le semis donne des variétés très remarquables, il serait peu prudent de planter sur une large échelle, sans essai préalable, des pieds obtenus par semis de pépins de *jacquez, d'herbemont* ou *d'othello.* Car il pourrait se faire que, s'éloignant du type sauvage de leur père, et par cela même perdant toute chance de résistance au phylloxera, les plants, nés des pépins des trois hybrides d'américains dont je conseille la culture, ressemblassent beaucoup plus au type *Vitis vinifera,* c'est-à-dire à la vigne d'Europe. Le semis ne présente donc d'utilité pratique que pour l'obtention de variétés nouvelles et la création de plants américains dans les départements où l'introduction de tout cépage d'Amérique est interdite. Les semis doivent se faire aux mois d'avril-mai, de manière à ce que les jeunes plants ne soient pas détruits par les gelées tardives. On trace sur une plate-bande bien ameublie, et en terre légère ou rendue telle par une addition de terreau, des lignes espacées entre elles de 30 à 40 centimètres. C'est sur ces lignes que devront se faire les semis de telle façon que les plants se trouveront à 10 ou 15 centimètres les uns des autres. Les soins d'entretien consisteront dans des binages pour détruire les herbes entre les lignes et en arrosage, surtout au début du semis pour faciliter la germi-nation des graines.

Bouturage.

Le bouturage est le procédé le plus généralement usité pour multiplier la vigne.

Les raisons, qui l'ont fait adopter par les vignerons, sont, d'abord, la grande simplicité d'exécution; puis, en second lieu, l'assurance que le sarment, détaché d'un pied et fixé en terre, reproduira avec une fidélité exacte toutes les qualités du cep d'où il a été détaché.

Le bouturage était facile avec nos vignes européennes; depuis qu'on a voulu l'appliquer aux vignes américaines, on a constaté que la reprise était beaucoup moins grande et plus difficile.

Il a donc fallu chercher, trouver le moyen de remédier à ce défaut naturel des cépages américains.

Les racines se produisent sur un sarment par l'évolution souterraine de bourgeons qui, placés au-dessus du sol, auraient donné naissance à des branches. On doit donc placer les boutures dans un milieu bien préparé pour assurer le prompt développement des racines.

On a remarqué que ce sont les boutures de moyenne grosseur qui s'enracinent le plus facilement. Il faudra donc choisir de préférence ces boutures et rejeter celles dont le diamètre paraîtrait trop gros. Pour les porte-greffes infertiles, on devra prendre les sarments sur les pieds les plus vigoureux; pour les producteurs directs, faire choix de boutures cueillies sur les ceps les plus fructifères.

Conservation des boutures. Soins à leur donner.

La bouture qui offre le plus de chance de réussite est, sans contredit, celle taillée au moment voulu, dans la propriété même où elle doit être plantée. Malheureusement la chose n'est guère possible, et les contrées nouvellement phylloxérées sont obligées d'aller au loin chercher des boutures.

Il s'agit donc de prendre certaines précautions pour permettre aux sarments fraîchement détachés de la souche de supporter un assez long trajet et d'arriver en état de fraîcheur.

Pour obtenir une conservation parfaite des sarments à transporter, il faudrait s'arranger de façon qu'ils ne pussent ni se dessécher ni absorber plus d'humidité qu'ils n'en contiennent habituellement. Car dans le premier cas la bouture est complètement perdue, dans le second la moisissure l'endommage beaucoup.

Dans la plupart des cas, il suffira d'entourer les deux extrémités des boutures de mousse humide ou de foin très légèrement mouillé; et, lorsque le trajet devra être très long, on devra entourer le fagot tout entier de foin ou d'herbes marécageuses comme le font les horticulteurs, ou bien encore les renfermer dans une caisse.

Aussitôt les ballots reçus, on doit mettre les boutures dans du sable légèrement mouillé, ou, lorsqu'on n'a pas de sable, il faut les laisser tremper un jour ou deux dans l'eau, avant de les enfouir dans la terre où elles reposeront jusqu'au moment de la plantation.

Lorsque les boutures sont récoltées sur les lieux mêmes où elles doivent être plantées, il suffira d'enterrer le pied de la botte, à l'ombre, au pied d'un mur par exemple, ou de faire tremper dans un cours d'eau ou dans une mare, voire même dans un récipient quelconque rempli d'eau, la partie inférieure des sarments, ceci pendant quelques jours seulement.

Ces précautions sont indispensables pour s'assurer une réussite complète, lorsqu'il s'agit de cépages américains.

Pour faciliter l'enracinement des boutures, plusieurs systèmes ont été préconisés; le meilleur, à mon avis, est le *décorticage*.

Par le décorticage, on provoque la formation de cicatrices où la sève viendra pousser des racines. Le *décorticage* consiste à enlever des lanières d'écorce sur la partie de la bouture qui doit être enterrée, de manière à mettre à nu les couches génératrices du bois.

Je ne conseillerai pas l'écrasement ou la torsion du sarment, car l'eau pénètre dans la moelle où elle forme un centre de désorganisation.

Provignage ou Marcottage.

C'est un procédé qui consiste à faire naître des racines sur un sarment avant qu'il ait été détaché de la souche qui lui a servi de mère.

Tous les avantages sont réunis dans cette méthode : conservation des caractères particuliers au pied mère; certitude de la reprise du nouveau plant puisqu'il a tous éléments nécessaires pour une bonne venue. Il doit donc être préféré à tous les autres modes de plantation.

Provignage par Marcotte simple.

On peut, par ce moyen, remplacer les manquants ou se procurer des racinés pour transplanter.

Il suffit de coucher sous terre un sarment, que l'on fixe au sol au moyen d'un piquet, dont l'extrémité ressort de terre, de dix centimètres seulement, avec deux ou trois yeux. On supprime les bourgeons qui se trouvent entre le pied mère et l'endroit où le provin touche la terre; on éborgne, préalablement à la mise en terre, tous les yeux, sauf un ou deux, pour qu'il ne se forme, de fortes et puissantes racines, qu'en un ou deux endroits.

Non seulement on peut ainsi former des racines avec des sarments aoûtés, mais encore, ou peut en obtenir avec des sarments herbacés; dans ce dernier cas, on couche en terre le sarment dès qu'il peut être courbé sans être brisé (1). De cette façon, on obtient un raciné parfait pendant l'année même qui eût produit une simple bouture.

Provignage par Versadi.

Le provin par *versadi* peut être considéré comme meilleur que le provin par marcotte simple. Pourquoi? Il serait difficile de le dire. Bornons-nous à constater ce que l'expérience nous donne. Voici le moyen de le produire :

Un sarment est plié et fiché en terre à l'endroit où l'on désire qu'il prenne racine; il est solidement assujetti à un pieu enfoncé en cet endroit. On fait sauter tous les yeux qui se trouvent entre la souche mère et le lieu où le sarment plonge en terre, sauf deux ou trois qui sont situés immédiatement au-dessus du sol. L'hiver suivant, on sépare le nouveau pied de celui qui l'a produit, et l'on a un excellent plant raciné.

Provignage chinois.

Par ce procédé, on obtient d'un même pied de vigne quantité de plants enracinés.

Pour arriver à ce résultat, il faut prendre les précautions suivantes : On creuse à partir du pied mère une fosse; on y ameublit avec beaucoup de soin la terre dans le fond. On couche, dans le fond de cette fosse, un sarment convenablement choisi et on le fixe au fond de la tranchée, à une profondeur de dix centimètres environ, au moyen de petits piquets sur lesquels on l'attache solidement. On fait tomber tous les bourgeons qui se trouvent entre la souche

(1) Cette opération, pour les sarments herbacés, doit se faire fin juillet.

mère et l'endroit où le sarment touche la terre. Le sarment se trouve ainsi reposé sur un lit de terre meuble et friable, mais exposé à l'air. Arrive la chaleur; la plante entre en végétation, chaque bourgeon se développe et dès que les pousses atteignent vingt ou vingt-cinq centimètres de longueur, on comble avec de la terre meuble la tranchée. Pour être plus certain de la réussite, il serait bon d'arroser si on avait de l'eau à sa disposition. Pendant l'été, des racines nombreuses se développent juste au-dessous de chaque pousse et l'hiver, le moment de la plantation rendu, il n'y a plus qu'à relever le provin, à le couper, chaque bourgeon ayant fait à la fois racines et rameaux.

On peut considérer ce procédé comme le plus pratique et le plus économique pour la multiplication des variétés difficiles à s'enraciner, le *jacquez* et l'*herbemont*, par exemple.

Adaptation.

Les vignes françaises résistaient, réussissaient partout où on les plantait, à quelques exceptions près. Il est vrai de dire cependant que certains cépages avaient une végétation, une production beaucoup plus grande, dans des localités presque voisines, et, pour ne citer qu'un exemple que je prendrai aux environs mêmes de Saint-Félix, je dirai que le cépage ou visant, appelé *dégoutant,* ici, prospérait beaucoup mieux dans les terres dépendant du village de Chaillé qu'à Saint-Félix, alors que le *balzac* était beaucoup plus productif dans notre commune qu'à Chaillé.

La vigne européenne avait donc ses caprices; quoi alors d'étonnant de voir les vignes exotiques, que nous avons été chercher en Amérique, se montrer plus ou moins rebelles aux sols auxquels on les confie !

L'importance, aujourd'hui, est de bien choisir les variétés qui se plaisent dans le sol où on se propose de les planter.

On peut poser comme règle générale, que toutes les vignes américaines prospèrent dans les sols de nature siliceuse colorés en rouge par du fer peroxydé.

Monsieur Foëx, l'éminent professeur directeur de l'École d'agriculture de Montpellier, prétend que l'oxyde de fer agit par sa couleur foncée qui favorise l'absorption des rayons caloriques et facilite l'échauffement du sol. M. Sahut, l'habile horticulteur, un de ceux qui découvrirent le phylloxera, veut au contraire que les cépages américains prospèrent dans les terrains ferrugineux et de couleur rouge, non pas, parce que ces sols contiennent beaucoup de fer, mais parce qu'ils sont riches en oxyde de fer, et que c'est sous cette forme seulement, que le fer est assimilable aux plantes en général, et à la vigne en particulier. Et il appuie sa théorie sur l'autorité de M. Raullin, professeur de minéralogie à la Faculté des sciences de Bordeaux, qui, dans ses belles *Études chimiques de la végétation*, a démontré que le fer était un des éléments constitutifs de l'aliment complet chez la plupart des plantes.

Laissons aux spécialistes ces discussions d'un ordre tout théorique et tout scientifique et plantons des vignes américaines dans les sols qui contiennent de l'oxyde de fer, par la simple raison qu'elles y poussent très bien.

Résumant tout ce qui a été dit ci-dessus, je vais vous mettre sous les yeux le tableau suivant vous montrant les principales natures de terrains et les variétés de vignes américaines qui doivent y être cultivées.

1° Terres argileuses ou marneuses, mais s'égouttant très facilement : *jacquez;*

2° Terres rouges siliceuses, granitiques et fraîches : *vialla* et *othello;*

3° Terres argilo-calcaires ferrugineuses, à sous-sol fendillé : *riparia géants glabres, jacquez, othello;*

4° Terres calcaires profondes, complètes, argilo-calcaires ferrugineuses : *herbemont, riparia géant glabre, jacquez;*

5° Terres légères calcaires, à sous-sol rocailleux : *rupestris, york madeira, riparia géant glabre;*

6° Terres blanchâtres à sous-sol de tufs ou de craie : *Solonis;*

7° Terres humides ou salées : *Solonis.*

Du greffage.

Nous abordons là le point capital de la reconstitution de nos vignobles.

Il serait bien téméraire de ma part de vouloir faire ici un cours de greffage. Non! telle n'est pas ma prétention, et, à ceux qui voudront connaître plus à fond cette question, très complexe dans ses détails, je dirai : Consultez la nouvelle édition de l'*Art de greffer* de M. Charles Baltet, notre maître à tous; l'excellent *Résumé des leçons pratiques sur le greffage en mars 1880*, à Montpellier; enfin le *Traité théorique et pratique du greffage*, par M. Aimé Champin.

Je me bornerai à exposer ce que j'ai fait, les divers systèmes de greffes que j'ai expérimentés et ceux qui m'ont donné les meilleurs résultats.

La greffe présente ce double avantage : 1° elle permet de confier à un porte-greffe infertile, mais aux racines résistantes, nos vieilles variétés françaises, nous mettant à même ainsi de conserver nos vins dont la renommée est sans égale; 2° elle a cet avantage inappréciable de hâter et de favoriser la fructification.

De même que la greffe du poirier sur cognassier sauvage donne des fruits délicieux et bien plus précoces que les greffons de poirier sur poirier sauvage, de même le greffage de la vigne, sur cépage américain, fournit de beaux et magnifiques raisins, et ce, dès l'année qui suit le greffage. Mais, nous dira-t-on, le poirier greffé sur cognassier a une existence beaucoup plus courte que le poirier greffé sur franc, donc votre vigne française, greffée sur américain, ne vivra pas longtemps. — A cela je répondrai que personne ne sait combien de temps nous boirons aux mamelles fécondes de la vigne ainsi reconstituée, et que, aux prix où l'on vend aujourd'hui les produits des vignobles, on peut hardiment aller de l'avant, certain d'être largement récompensé de sa peine par une ou deux récoltes seulement.

Comment expliquer cette abondance et cette précocité dans la fructification?

L'étude de la circulation de la sève dans les vignes greffées, va nous donner la clef de ce qui nous paraît être une énigme.

Les racines de la vigne puisent dans le sol les éléments qui lui sont nécessaires conformément aux lois physiques de diffusion et d'osmose. Les poils absorbants qui se trouvent sur les racines ont une adhérence intime aux diverses parties les plus ténues du sol, absorbent le liquide qui, se transformant, fournira aux divers membres de l'arbuste les matières nécessaires à leur existence.

La sève circule ainsi par les vaisseaux de la racine et de la tige. L'impulsion de l'action osmotique qui exerce sur la sève une poussée en avant est telle que, au commencement du printemps, quand la température s'élève, ce phénomène se manifeste par les pleurs de la vigne.

La sève ainsi absorbée dans le sol par les racines du porte-greffe, arrive sous forme aqueuse au contact des points de soudure, elle traverse librement et facilement la partie où se rencontrent les deux vignes américaine et française et pénètre ainsi jusqu'au feuilles du greffon. Là elle se modifie au contact des agents atmosphériques, la partie aqueuse disparaît et la *sève ascendante* transformée, chargée de matériaux solides, va devenir *descendante*, s'arrêtant complaisamment pour laisser prendre par chaque parcelle de la plante ce qui est nécessaire à sa transformation successive et d'étapes en étapes, arrive aux cellules qui forment soudure. Elle éprouve là des difficultés pour se frayer passage; c'est pendant ce temps que la partie supérieure de la plante, se trouvant en contact assez prolongé avec la *sève descendante*, profite de cette occasion pour se gorger de nourriture, et tout pousse à l'envi, bois et fruit, au détriment de la partie inférieure qui attend, en souffrant, la vie que lui apporte le retour de la sève. C'est ainsi que s'explique l'abondance de fructification des vignes greffées et les bourrelets qui se trouvent au-dessus des points de soudure.

Je vais examiner maintenant : 1° choix et conservation des greffons; 2° époque du greffage; 3° les divers systèmes de greffage; 4° les soins à donner aux greffes; 5° des meilleures variétés européennes à choisir pour greffer sur pied américain.

Règle générale, on devra greffer les plants américains le plus tôt possible, l'année qui suivra la plantation, si le pied a fait une pousse assez vigoureuse. On obtient ainsi des résultats, comme réussite et perfection des soudures, bien plus certains que si on avait opéré sur des sujets plus âgés. Le *riparia* réussit plus difficilement que le *jacquez* quand les souches sont vieilles.

Choix des greffons.

Le greffon devant reproduire tous les caractères du pied d'où il a été détaché, il importe de choisir avec le plus grand soin les pieds sur lesquels on doit cueillir les sarments qui serviront de greffons. De préférence on choisira des sarments bien aoûtés, peu moelleux, et on évitera les pampres des jeunes plantations qui, imparfaitement constitués, se dessèchent trop facilement.

Pour bien réussir dans l'opération du greffage il faut que la végétation du greffon soit en retard sur celle du sujet; les sarments devront donc être récoltés avant l'ascension de la sève et conservés à l'abri de l'influence de l'air ambiant qui exciterait les boutons à grossir.

Pour empêcher les bois devant servir de greffons d'entrer en végétation on doit les placer dans des celliers et dans du sable sec ou très légèrement humide, de telle sorte que la couche de sable qui les recouvre empêche l'air de les atteindre; ou encore, réunir les sarments par bottes de cent, ne lier la botte que légèrement par le bas, placer les bottes ainsi disposées les unes contre les autres et debout, puis les couvrir de sable, de telle façon que le sable pénètre partout au milieu des bottes et que la pointe du bois dépasse de 4 ou 5 centimètres la couche totale du sable, laissant ainsi deux ou trois yeux des sarments entièrement à découvert. Il arrivera ceci, c'est que, sous l'influence de la chaleur, les deux yeux hors du sable bourgeonneront, pousseront, mais que l'activité de la sève se portant sur cette partie seulement, les autres bourgeons resteront intacts et seront propres au greffage. On conservera de cette façon des greffons jusqu'à fin juin, ce qui permettra de regreffer les pieds que l'on n'avait pas réussis en mai.

Époque du greffage.

Il faut attendre, pour se livrer à l'opération du greffage, que la terre, réchauffée par les rayons du soleil printanier, pousse la vigne à la végétation. Un temps doux et couvert, sans pluie, qui permettra d'éviter et le dessèchement du greffon et l'humidité trop grande qui nuirait à la plante, est celui que l'on doit préférer.

Les greffes une fois faites doivent se souder le plus vite possible. On doit donc greffer par un beau temps et s'arrêter, quitte à reprendre plus tard, si la température venait subitement à se refroidir.

Choisir le moment propice pour le greffage, est une question de tact. On peut commencer en avril et continuer jusqu'à fin juin. Pour ma part, je préfère prendre un moyen terme et greffer en mai, ce qui me permet de reprendre fin juin les greffes qui paraissent n'avoir pas été réussies, à la condition que les bourgeons du bois destiné au greffage seront encore dormants et ne seront pas encore entrés en végétation.

Divers systèmes de greffages.

Mon intention n'est pas d'énumérer ici tous les divers systèmes plus ou moins ingénieux qui ont vu le jour; j'en ai expérimenté plusieurs, et aujourd'hui je m'en tiens à trois que j'utilise suivant les circonstances.

Ces trois systèmes sont : 1° la greffe en fente ordinaire; 2° la greffe en fente pleine; 3° la greffe en fente anglaise.

Greffe en fente ordinaire.

Qui de vous n'a greffé ou vu greffer dans vos campagnes, un cerisier, un pêcher, un poirier? Toujours cette opérase fait par *greffe en fente ordinaire*. Elle est très simple et à la portée de tous.

Pour exécuter cette greffe, on déchausse le porte-greffe pour permettre à l'ouvrier de travailler à l'aise; on coupe au moyen d'un fort sécateur ou d'une scie, lorsque le pied est trop gros, la tête de l'américain au ras du sol, afin d'éviter les chances d'affranchissement. Au moyen d'un ciseau approprié à cet usage, ou simplement avec le couteau greffoir, si le pied n'est pas trop fort, on fend la souche.

On coupe ensuite le greffon à deux ou trois yeux, puis on le taille en forme de lame de couteau à partir du dernier bourgeon. On évite autant que possible de mettre la moelle à nu.

Le greffon ainsi taillé est solidement enfoncé dans la fente qui est maintenue béante, ou plutôt entr'ouverte, au moyen du ciseau ou du greffoir.

Une observation importante, est de donner au greffon une

position un peu oblique, parce que les couches génératrices de l'américain étant plus épaisses que celles du greffon, les libers ou couches génératrices des deux plants ne prendraient que difficilement contact; tandis que l'obliquité fait que la partie vitale du greffon trouvera celle du porte-greffe en un endroit quelconque. C'est le système pour les vieux pieds.

Greffe en fente pleine ou à cheval renversé.

C'est la greffe la plus usitée, à cause de la facilité de son exécution sur les jeunes plants. On déchausse le porte-greffe, on le coupe un peu au-dessus du sol, pour pouvoir reprendre en juin si on ne réussit pas en mai, puis on le fend par le milieu avec le couteau-greffoir.

L'expérience a prouvé que, pour éviter de voir le greffon noyé par l'abondance de la sève du porte-greffe, il était utile de décapiter le sujet américain, et de lui laisser rejeter son excès de sève, sous forme de pleurs, pendant vingt-quatre ou quarante-huit heures, avant de procéder au greffage.

Le greffon d'un diamètre égal au porte-greffe est taillé en biseau, puis enfoncé dans la fente, en ayant soin de le faire affleurer des deux côtés.

S'il arrivait que l'on n'eût pas de greffon d'un diamètre parfaitement égal, il suffirait de le faire affleurer d'un seul côté; il n'y aura soudure que par une seule face, mais cela suffit. Beaucoup de greffes ne réussissent pas, parce que le greffeur, peu soigneux, a négligé de mettre en contact immédiat les couches génératrices des deux plants, d'un côté au moins. Or les couches génératrices ou libers se trouvent immédiatement au-dessous de l'écorce.

C'est le système que j'emploie de préférence. Voici comment j'opère : Je plante en 1887, par exemple, en plein champ, des *riparias géants glabres* ou des *jacquez*, enracinés de manière à avoir une réussite complète. L'année suivante en 1888, je les grefferai en fente pleine; mais comme je suis respectueux de la vérité, et que l'exagération est nuisible en toute chose, je dis que je m'estimerai très heureux de réussir mes greffes en fente pleine dans la proportion de 66 % ou les deux tiers. Et, je suis incrédule à l'égard de ceux qui ont dit et écrit qu'ils avaient obtenu une réussite de 98 %.

Comment combler le vide produit dans ma plantation par ce tiers de manquants?

C'est alors que j'ai recours à la *greffe anglaise.*

Greffe anglaise.

L'année même où j'opérerai mon greffage en plein champ, en 1888, pour suivre mon exemple, j'aurai bien soin de greffer, à l'atelier, à la *greffe anglaise* des *riparia* ou des *jacquez* enracinés que j'arracherai de la pépinière où je les avais plantés en boutures. Ces racinés greffés mécaniquement, je dis mécaniquement, parce que j'ai l'habitude de me servir d'une machine qui opère d'une manière bien plus parfaite et bien plus rapidement (mais que cela ne soit pas pour vous, lecteurs, un sujet d'inquiétude, on peut aussi bien faire avec la main qu'avec la machine; c'est une affaire d'heures, de minutes, voilà tout), ces racinés greffés, dis-je, je les replanterai en pépinière, dans une terre bien meuble, où je les soignerai comme des fleurs ou des légumes, si vous le préférez; et l'année suivante, j'aurai des ceps bien soudés que je transplanterai dans ma vigne pour remplacer mes manquants. De cette façon j'aurai une plantation très régulière.

On pourrait produire des plants soudés en pépinière par toute autre greffe que la *greffe anglaise*, voire même par la *greffe en fente simple pleine*.

Mais nous voilà bien loin de la *greffe anglaise*. Pour exécuter cette greffe, le porte-greffe est taillé en biseau, au niveau du sol, au moyen du couteau greffoir ou d'une serpette, puis fendu verticalement vers le milieu du biseau.

Le biseau ne doit pas être aigu, mais assez court, pour éviter la formation de languettes trop minces qui se dessèchent facilement.

Le greffon que l'on a bien soin de choisir, autant que possible, de même diamètre que l'américain, est taillé de la même façon que ce dernier; les languettes sont mutuellement engagées dans les fentes. Comme toujours, il faut avoir soin de faire coïncider les écorces le mieux possible, au moins d'un côté.

Ligatures et engluements.

Soit que l'on opère à la *greffe en fente pleine* ou à la *greffe anglaise*, il faut maintenir solidement les parties assemblées, au moyen d'une ligature de ficelle de chanvre ou de raphia légèrement sulfaté (deux ou trois grammes de sulfate de cuivre par litre d'eau).

Le raphia nous vient de Madagascar et de la côte orientale de l'Afrique du Sud; c'est la feuille d'un palmier qui se déchire en fils très minces, offrant une assez grande résistance, et d'un bon marché relatif. On le trouve chez tous les horticulteurs ou marchands de graines.

Pour empêcher l'évaporation et le desséchement des plantes, il est bon de recouvrir les plaies, c'est-à-dire la greffe et l'extrémité du greffon d'argile de nature grasse, ne se fendillant pas.

Soins à donner aux greffes.

La greffe terminée, elle doit être buttée soigneusement afin d'éviter qu'elle ne se dessèche; l'extrémité du greffon doit à peine paraître au sommet de la butte. On doit confier cette opération à un homme très soigneux, car, d'un coup de houe, il pourrait bien ébranler le greffon. Au pied de chaque sujet greffé, on enfonce un petit échalas, sur lequel les pousses du greffon seront solidement attachées, pour éviter que le vent n'ébranle et ne décolle la greffe. Cet échalas devra être maintenu pendant, au moins, les trois premières années.

Pendant le cours de l'été, il est utile, par un temps sombre et orageux, et de bonne heure le matin, de visiter les greffes avec le plus grand soin, pour détruire les racines qu'aurait émises le greffon et enlever les drageons que jette l'américain. Ne jamais faire cette opération par un temps chaud et ensoleillé. Le succès du greffage est intimement lié à ces soins d'entretien.

Laisse-t-on les racines du greffon pousser, la partie aérienne grossit au détriment de la partie souterraine, à tel point que le décollement complet de la greffe se produit.

Si ce sont les drageons, au contraire, que l'on a négligé

de pincer, au fur et à mesure qu'ils sortaient de terre, le greffon n'est plus nourri et meurt.

Mais il faut bien se garder de visiter les greffes par un temps très chaud, ce serait les condamner à mort, mieux les exécuter.

Je ne conseillerai pas le greffage sur boutures qui consiste à greffer, au moyen des machines, des greffons français sur des sarments américains sans racines, et à les planter ensuite dans une pépinière, où pousseront à la fois et les racines et les cellules qui doivent former la soudure.

Bien des fois j'ai essayé ce système et je n'ai jamais obtenu que des résultats médiocres : à peine 10 % de réussite.

Espèces de vignes à greffer.

Puisqu'il faut songer aujourd'hui à refaire nos vignobles de tout en tout, nous aurons soin de ne multiplier que les espèces de vignes qui nous ont donné toute satisfaction et nous donnerons la préférence à tel ou tel cépage, suivant que nous rechercherons l'abondance ou la qualité.

Mais puisque nous sommes sur ce chapitre, laissez-moi attirer votre attention sur ce fait. Le commerce recherche aujourd'hui plus que jamais la couleur, la qualité étant chose un peu négligée. Il faut donc produire des vins foncés en couleur. Pour arriver à ces fins, deux cépages sont à cultiver, le *petit Bouschet* et l'*alicante Bouschet*, surtout ce dernier.

Ce sont des hybrides de teinturier mâle du Cher avec l'*aramon* pour le *petit Bouschet*, qui, lui-même, a servi à féconder les fleurs de l'*alicante* ou *grenache* pour produire l'*alicante Bouschet*. Ce qui est désagréable, dans ces sortes de plants obtenus par semis, c'est que tous les pieds ne sont pas également féconds, que certains sont presque improductifs à tel point qu'il faut faire un triage soigné, surtout en ce qui concerne l'*alicante Bouschet*, et ne multiplier que les souches qui sont les plus fertiles.

Malheureusement lorsqu'il s'agit de se procurer des boutures de ce nouveau cépage, on peut tomber sur des vignerons se transformant en industriels malhonnêtes, qui livreront des boutures provenant de n'importe quel pied. Il faut donc être très circonspect dans l'achat de boutures d'*alicante Bouschet* et ne pas s'adresser au premier vendeur qui vous fera des offres.

J'ai eu l'avantage inappréciable de recevoir les premières boutures d'*alicante Bouschet*, que j'ai greffées, d'une personne digne de toute confiance; je vous souhaite la même chance, lecteurs.

Le vin produit par le *petit Bouschet* est très foncé, la couleur est rouge sang, mais le vin est plat, sans saveur et peu riche en alcool, de sept à neuf degrés. Sa couleur est si belle, sa fructification si abondante que je recommande cependant sa culture qui sera très rémunératrice.

L'*alicante Bouschet* possède tous les avantages du *petit Bouschet*, avec un peu plus de couleur, une saveur agréable et davantage d'alcool, sa production est peut-être encore plus grande. A Saint-Félix l'*alicante Bouschet* surpasse comme abondance tous nos anciens cépages de pays et son vin est trois, même quatre fois plus foncé que celui produit par notre ancien cépage le *balzac*.

Plantation; Taille.

Je dis et pose en principe que, pour la vigne, *l'espacement est une condition de fertilité et de résistance.*

Quel contraste entre la vieille treille qui, chargée de raisins sur une longueur de dix, quinze mètres, et quelquefois davantage, jette encore ses pousses vertes, alors que le pauvre petit cep rabougri, que l'on a forcé à rester nain, donne quelques maigres raisins et s'étiole bientôt! Dans beaucoup de pays en effet on a l'habitude de replanter la vigne tous les trente ans.

Arrive le phylloxera, la vieille treille résiste, alors que le petit cep disparaît. Pourquoi? Parce que sa charpente arborescente très développée, comporte une puissante charpente souterraine qui, en raison de son grand développement et des fortes dimensions de ses racines, a pu résister victorieusement au phylloxera.

Dans la vigne ravagée par le phylloxera, quel est le cep qui a disparu le dernier? Celui qui se trouvait sur le bord d'une allée ou du chemin; et toujours par cette raison que les racines de la treille et du cep du bord de l'allée avaient développé un puissant réseau de racines.

Donc l'espacement est une condition de résistance.

Si j'examine maintenant la vigueur fougueuse des vignes américaines, la puissance de leur partie aérienne, comme je sais que les racines d'une plante sont proportionnelles à l'état naturel, à la charpente arborescente, et que l'on peut avoir une idée exacte de ce que peuvent être les racines en examinant (parlant toujours d'un sujet qui n'a jamais été taillé) la partie de la plante qui recouvre le sol, je suis obligé de donner à la vigne américaine, qu'il s'agisse de *riparias géants glabres*, de *jacquez* ou d'*herbemonts*, un vaste espace pour se développer naturellement, et comme conséquence je devrai conserver à la partie arborescente de mon plant un grand développement pour faire équilibre aux racines, que mon américain soit greffé ou non. Car je pose comme un fait certain que les nombreux cas d'insuccès que l'on constate dans la plantation de la vigne américaine, n'ont d'autre cause que celle-ci : Plus encore que la vigne européenne, la vigne américaine a des tendances à prendre un très grand développement et au lieu de nous plier à ses exigences, nous voulons, au contraire, la soumettre à nos caprices. Nous lui donnons un espace bien restreint, nous décapitons son sommet, nous ne lui laissons que quelques bourgeons, et il arrive ceci : que cette nature, si forte, si vive, si pleine de santé, meurt étouffée par la trop grande abondance de sa propre sève qu'elle n'a pu élaborer.

Ces seules considérations m'auraient fait adopter une plantation à larges distances, si l'étude des divers vignobles de France ne m'avait démontré que l'espacement des ceps et une grande arborescence peuvent arriver jusqu'à doubler une récolte. J'en appelle au témoignage des vignerons de Chissay avec leurs vignes en chaintres traînantes, de ceux du Mâconnais avec leurs hautains, enfin ceux de la Savoie avec leurs vignes en treilles ou treillons.

Que l'on ne vienne pas dire que les vignes, ainsi cultivées, doivent s'épuiser rapidement; des souches centenaires dans tous les pays que je viens de citer sont là pour démontrer le contraire.

J'ai planté à Saint-Félix, partie à quatre mètres sur deux, partie à quatre mètres sur trois, rompant ainsi avec l'habitude du pays qui était de planter à un mètre trente-trois en tous sens. — Si vous n'êtes pas si hardis, je vous dirai : Plantez à deux mètres en tous les sens, mais ne rapprochez pas davantage les ceps, vous diminueriez les chances de succès.

Nécessairement, avec un aussi vaste espace, il faut modifier l'ancienne taille de la vigne dans le pays, et, pour donner au cep une forte et large charpente aérienne, il faut avoir recours aux treilles ou treillons de la Savoie légèrement modifiés. Pour une vigne plantée à deux mètres en tous sens, au pied de chaque souche, l'année qui suivra la greffe, je supprimerai le petit piquet ou tuteur sur lequel j'aurai palissadé la pousse du greffon, pour empêcher le vent de l'ébranler, je supprimerai, dis-je, le petit piquet et le remplacerai par un solide échalas d'un mètre vingt-cinq à un mètre cinquante; sur cet échalas j'attacherai la deuxième pousse de la greffe que j'aurai eu le soin de faire la plus vigoureuse possible, en supprimant toutes les autres branches, au fur et à mesure qu'elles se formeront; j'arriverai ainsi facilement, si le terrain est fertile ou a été soigneusement fumé, à obtenir, dès cette seconde année, un sarment d'un mètre cinquante à deux mètres de longueur. La troi-sième année, j'attacherai très solidement ce sarment à l'échalas qui se trouve au pied de la souche et à une hauteur pouvant, suivant les circonstances, varier de trente à cinquante centimètres; je le courberai et lui ferai suivre une ligne horizontale pour gagner le cep le plus voisin dans le même rang. S'il est assez long, j'attacherai le sarment sur l'échalas à la hauteur de la courbe du pied voisin; s'il est trop court, j'enfoncerai en terre un échalas et j'y fixerai, au moyen d'un lien, l'extrémité de mon sarment. La quatrième année, tous mes sarments seront assez longs pour être attachés au cep voisin, et mon rang de souches ne formera plus qu'une ligne continue.

Pour moi qui ai planté à deux et à trois mètres, je n'arriverai à relier toutes mes souches ensemble que la

cinquième ou la sixième année, la cinquième année le plus
généralement. Je soutiendrai le bras de ma vigne ainsi
formée par un ou deux échalas jusqu'à ce que j'aie atteint
la souche voisine, ou je ferai courir le cordon de ma vigne
sur un fil de fer.

Voici donc ma treille établie comme en Savoie. Je vais
examiner maintenant la taille à adopter.

Première année du cordon : tous les yeux au-dessous du
coude sont rasés, tous les autres sont conservés; chacun
de ces yeux donnera, dès la première année, deux belles
grappes le long d'un beau bourgeon. Vers la fin de juillet,
on rognera l'extrémité de chaque pousse pour ne pas
fatiguer le pied et permettre aux raisins de grossir. Si
cependant on craignait de trop charger le cep, on pourrait,
avant le départ de la végétation, ou mieux l'époque des
gelées printanières passée, faire sauter un œil sur deux.

La seconde année, on conservera, comme branche à fruit,
un sarment tous les vingt-cinq centimètres que l'on rognera
de façon à lui laisser six ou huit yeux.

On comprend de suite que dans cette seconde taille,
quarante à cinquante yeux, au lieu de dix à seize yeux
de la première taille, sont accordés à la végétation de la
vigne. Le travail de la vigne va donc être triplé.

Une pareille tâche, imposée à une jeune vigne, paraît
une monstruosité, une cause d'épuisement et de mort dans
un bref délai.

C'est là une erreur. Laisser à un arbrisseau, à un arbre
quelconque, la liberté de déployer l'arborescence et les
forces vitales dont la nature a pourvu son espèce, ce
n'est pas lui imposer un travail, ce n'est pas l'épuiser;
c'est lui permettre de développer son organisation et de

vivre avec une force qui s'accroît proportionnellement à ce développement.

Je répéterai encore ici que les souches centenaires de la Savoie et du Mâconnais sont là pour attester que le système préconisé plus haut ne les a pas tuées, loin de là.

La troisième année, on jette à bas la branche qui a fourni les fruits en conservant cependant tout à fait à la base du cordon un rameau que l'on taillera à deux yeux pour fournir la branche à fruit de l'année suivante et immédiatement au-dessus de ce petit courson, on conserve la branche destinée à donner cette année le fruit, à laquelle on laisse toujours six ou huit yeux ou moins, suivant la vigueur du sujet.

En un mot, c'est la taille usitée pour les treilles des jardins.

Mais le système qui me semble préférable est de ne laisser de branches à fruit sur le cordon de la vigne que de trente-cinq en trente-cinq centimètres, de tailler ces branches à quarante centimètres de longueur, et de les attacher au cordon au moyen d'un lien d'osier, en leur faisant décrire un arc de cercle.

Je recommande surtout cette méthode parce que la position de la ploie permet de lui donner, sans aucun dommage, toute la longueur désirable; de plus, la position pendante pousse à la fructification et évite la coulure; elle évite aussi les effets des gelées tardives par la lenteur de la sortie des bourgeons; enfin elle rapproche les raisins de terre et facilite leur maturité. C'est là vraiment la perfection de la vigne en cordon à long bois.

Si la culture de la vigne en cordons vous paraît trop compliquée, et que vous vouliez vous en tenir à votre ancienne manière de tailler, vigne en souche basse, à plusieurs bras, sur lesquels vous laissiez des sarments rognés à trois yeux, soit; mais conservez un sarment d'un mètre environ que vous attacherez à un des bras de la souche, en lui faisant faire un demi-cercle. De cette façon, vous permettrez à la vigne de se déployer dans toute sa vigueur, ce qui est une question de vie ou de mort pour la vigne américaine. Mais, dans ce dernier cas, il faut avoir bien soin de faire supporter la branche à bois par chaque bras, à tour de rôle, parce que le bras qui porte la latte ou long bois, grossit plus que les autres.

Engrais de la vigne.

Les vignes américaines sont plus avides de fumures que les anciennes espèces que nous cultivions; il est donc utile, comme très certainement nous ne pourrons pas produire en quantité suffisante le fumier de ferme, d'examiner quels sont les engrais chimiques qui peuvent utilement suppléer à cette pénurie d'engrais.

On emploie aujourd'hui beaucoup les phosphates qui donnent l'acide phosphorique; le nitrate de soude et le sulfate d'ammoniaque qui fournissent l'azote; le chlorure de potassium ou le sulfate de potasse qui contiennent la potasse. La combinaison de ces diverses matières, dans des proportions données, produit d'excellents effets. On augmente ou on diminue la dose de l'un de ces trois éléments suivant que la plante par sa nature, le sol par sa composition chimique et l'état d'épuisement dans lequel il se trouve, réclame tantôt davantage d'acide phosphorique, tantôt une plus grande proportion d'azote ou bien de potasse.

Pour des vignes qui sont dans un état normal de végétation, la formule suivante, qui revient à environ 140 à 150 francs par hectare, assurera vigueur et production :

Sulfate d'ammoniaque...   150 kilog. $=$ 30 kilog. d'azote.
Superphosphate de chaux.   300 kilog. $=$ 36 kilog. acide phosphorique.
Chlorure de potassium ou
  sulfate de potasse.....   200 kilog. $=$ 90 kilog. de potasse.

Une fumure ainsi répandue, chaque année, ou tous les deux ans, par hectare, suffira pour entretenir le vignoble dans un excellent état.

Si l'on fait emploi du fumier de ferme, il sera utile de répandre par hectare 200 kilogrammes de chlorure de potassium chaque année, pendant les deux ou trois années que le fumier mettra à transformer les diverses matières fertilisantes qu'il contient, de manière à les rendre assimilables aux plantes. La vigne exige beaucoup de potasse et le fumier de ferme n'en contient pas assez.

CHAPITRE III

Je ne m'étendrai que très peu sur ce sujet pour la bonne raison que la nature des terres de Saint-Félix, argilo-calcaires et argileuses, ne permettant pas l'usage des insecticides, je n'en ai jamais employé et que je ne puis pas, par conséquent, parler par expérience.

Mais comme ces lignes pourront tomber entre les mains d'un vigneron désireux de conserver encore, et malgré tout, ses vieux ceps de vigne que le phylloxera menace, je vais examiner l'emploi des deux insecticides recommandés par la commission supérieure du phylloxera, le *sulfure de carbone* et le *sulfocarbonate de potassium*.

Par l'emploi de ces insecticides, on asphyxie les insectes, grâce aux émanations sulfureuses.

Mais, maladroitement employé, le sulfure de carbone a tué non seulement les phylloxeras qui étaient sur les racines du cep, mais aussi le cep lui-même. Il faut donc confier le soin de traitements de ce genre à des hommes expérimentés qui traitent à l'entreprise, sauf à contrôler leur travail; car le sulfure de carbone très inflammable, peut faire explosion et blesser l'ouvrier inexpérimenté qui le manipulerait.

Si je néglige le *sulfocarbonate de potassium*, pour parler plus spécialement du *sulfure de carbone*, c'est que le sulfo-carbonate, bien que produisant de bons résultats, est d'un prix si élevé, près de 500 francs par hectare et par an, et demande une telle quantité d'eau, que son emploi pratique est impossible.

Pour l'application du *sulfure de carbone*, on se sert des pals injecteurs, le pal Gastyne est le plus complet et le plus perfectionné; il dose le liquide.

Voici la manière dont on opère avec le pal Gastyne : Au moyen d'une barre à mine, on fait deux ou plusieurs trous autour du cep à une profondeur de 0^{m}30 à 0^{m}50; l'ouvrier qui porte l'appareil Gastyne enfonce en terre la tige infé-rieure du pal en appuyant vigoureusement du pied sur une pédale perpendiculaire à la tige, puis il pousse le piston gradué qui chasse violemment le liquide au sein de la terre par une ouverture pratiquée à la partie inférieure de la tige; on retire le pal et l'ouvrier qui suit bouche fortement le trou avec une petite masse.

Pour éviter les frais de main-d'œuvre trop considérables, on a inventé plusieurs charrues sulfureuses; ces charrues, d'abord défectueuses, sont aujourd'hui très bien fabriquées.

La charrue sulfureuse, est un injecteur à traction qui porte à l'avant-train :

1° Un réservoir contenant le liquide;

2° Une pompe pour envoyer et doser le liquide; à l'ar-rière un rouleau ferme la raie légère tracée par un soc spécial.

L'attelage en marchant actionne la pompe qui projette en injections continues les doses voulues, à l'aide d'un tube qui se prolonge jusqu'à l'extrémité du soc.

Quant au dosage, il n'y a pas de règle absolue; on emploie généralement de 100 à 300 kilogrammes de sulfure de carbone à l'hectare.

Dans les terres argileuses et calcaires, le sulfure de carbone n'est pas à utiliser; les résultats seraient complètement négatifs. C'est dans les terres fraîches, profondes, siliceuses, qu'on peut l'essayer. Il faut opérer au moment des labours d'automne et de printemps, mais bien se garder de sulfurer les vignes alors que le sol est imprégné d'humidité; à la suite de pluies, ce serait les tuer net.

Les insectes sont bien détruits par le sulfure de carbone, mais la vigne profondément atteinte est malade, anémique et ne reprendra sa vigueur première qu'avec la formation de nouvelles radicelles.

Pour obtenir ce résultat, il faut fumer largement, abondamment, c'est ce qui augmente de beaucoup ce genre de traitement.

Depuis quelques années, il y a trois ans, je crois, suivant les indications de M. Balbiani, professeur au Collège de France, on a fait divers essais pour détruire l'œuf d'hiver du phylloxera qui se trouve au-dessus du sol, sous l'écorce de la souche. Les résultats sont encore assez problématiques; attendons encore que les expériences qui se font sur plusieurs centaines d'hectares aient éclairé cette question, à savoir si la destruction de l'œuf d'hiver est possible, et si nous serons ainsi délivrés du phylloxera.

Voici la manière d'opérer :

On arrache, au moyen de gantelets de fer, grossièrement, l'écorce de la souche, puis avec un gros pinceau on enduit tout le pied de vigne d'un mélange ainsi composé :

Chaux vive...................... 12 kilog.
Naphtaline..................... 6 —
Huile lourde.................. 2 —
Eau........................... 40 —

La chaux en pierre (12 kilog.) est placée au fond d'un récipient en bois, on verse le tiers de l'eau, on attend quelques minutes, puis on ajoute un second tiers d'eau, on brasse la chaux qui se divise aussitôt très finement, on enlève les morceaux de pierre qui ne se seraient pas délités; on ajoute alors (l'opération a duré jusqu'ici près d'une demi-heure) les 6 kilogrammes de naphtaline en plusieurs fois, et l'on brasse pour obtenir un mélange bien intime.

Cela fait, on ajoute l'huile lourde et l'on brasse vigoureusement. Enfin on verse le complément de l'eau, on agite le tout soigneusement et on le laisse reposer.

CHAPITRE IV

Ce n'était pas assez du terrible phylloxera, un nouveau fléau, presque aussi grave dans ses effets, puisqu'il peut entraîner la mort, est venu fondre sur la vigne. C'est encore de l'Amérique que nous est venue cette nouvelle maladie. Depuis trois ans surtout, elle a frappé impitoyablement, du nord au midi de la France, et ses ravages se sont fait sentir aussi dans les vignobles d'Espagne, d'Italie, même d'Algérie. Cette nouvelle maladie, caractérisée par une cryptogame, *Peronospora viticola*, a conservé son nom américain Mildew que l'on a francisé en faisant mildiou.

Les vignes mildiousées mûrissent mal leurs fruits et produisent des vins qui manquent de corps, d'alcool et de couleur. Les feuilles détruites tombent à terre aussitôt qu'elles sont attaquées par la cryptogame, laissant les raisins exposés aux rayons brûlants du soleil qui les grille; les bois s'aoûtent très mal; et lorsque le mildiou s'est développé de très bonne heure, aux mois de mai-juin, la sève, impuissante à s'élaborer par les feuilles qui la mettaient en contact avec les agents atmosphériques, ne vivifie plus la souche qui périt faute de nourriture.

Les feuilles de vignes mildiousées présentent, à leur face inférieure, des taches blanches, ayant l'aspect d'efflorescence saline; à la face supérieure, ces mêmes taches correspondant à celles dont nous venons de parler, ont une teinte rousse qui devient de plus en plus foncée. Ces taches disséminées sur la feuille, grandissent, finissent par se réunir, par envahir la feuille tout entière qui, complètement désorganisée, tombe.

Une température fraîche, humide, les brouillards chauds, les rosées, l'eau en un mot, facilitent l'extension du mildew, qui se répand avec une rapidité foudroyante. Le vigneron quitte sa vigne le soir en parfait état, et le lendemain la trouve atteinte du mildew.

Par contre, des vents secs, une température très chaude arrêtent les effets de la maladie, et la feuille se perce de trous plus ou moins grands; c'est la partie atteinte par le mildew qui tombe.

Le mildew attaque également les rameaux et les grappes de la vigne, et les récoltes sont ainsi gravement endommagées.

Certains cépages, les hybrides Bouschet par exemple, résistent dans de certaines limites au mildew, mais cependant lorsque les attaques sont violentes, ils succombent comme les autres plants.

Je ne vous ferai pas la description botanique du *Peronospora viticola;* je ne vous parlerai pas de filaments fructifères, de mycelium, de spores d'été, de conidies, de spores d'hiver. Je vous ai dit ce qu'était le mildew, quels étaient ses effets. Voyons maintenant les moyens de combattre ce nouvel ennemi.

Et tout d'abord, avec une franche gaieté de cœur, laissez-moi vous rassurer et vous dire : Il n'y a plus lieu de s'inquiéter du mildew; le remède certain, infaillible, nous l'avons, nous le tenons.

C'est au hasard que nous devons la découverte de ce remède.

Dans les crus recherchés du Médoc, dans les vignes qui bordaient les routes, pour empêcher les maraudeurs de manger les raisins, on avait l'habitude d'asperger les fruits, à partir du moment de la véraison, d'un mélange de chaux et de sulfate de cuivre. Or il arriva ceci, c'est que tout le vignoble étant ravagé par le mildew, seules les parties aspergées du mélange cuprique conservèrent leurs feuilles et leurs fruits, alors que tous les pieds non traités étaient dépouillés de leurs feuilles. Le remède était trouvé.

C'est M. Jouet, gérant du domaine de château Langoa, près Saint-Julien-Médoc, qui signala le premier ce fait en 1884, et fit l'expérience sur sept hectares en 1885; son exemple fut suivi par de nombreux viticulteurs en 1885 et 1886, et le résultat est concluant, certain.

On prépare le mélange de la manière suivante : on fait dissoudre dans cent litres d'eau froide, six à huit kilogrammes de sulfate de cuivre d'une part; on fait éteindre d'autre part douze kilogrammes de chaux grasse en pierres dans trente litres d'eau. Lorsque la dissolution du sulfate de cuivre est complète, et que la chaux ne forme plus qu'une bouillie, on verse la bouillie de chaux dans la dissolution de sulfate de cuivre en remuant pour faire un mélange bien intime.

Si le sulfate de cuivre que l'on emploie est bien pur (malheureusement ceux du commerce contiennent une notable proportion de sulfate de fer), on peut réduire la dose à cinq kilogrammes pour cent litres d'eau.

Avoir bien soin de verser la bouillie de chaux dans la dissolution de sulfate de cuivre, et non pas la dissolution de sulfate de cuivre dans la bouillie de chaux.

On peut sans inconvénient hâter la dissolution du sulfate de cuivre en répandant un peu d'eau chaude sur les cristaux pulvérisés.

Le remède agit par le cuivre qu'il contient; ce métal renfermé, même en très petite quantité dans l'eau des rosées ou des pluies condensées à la face supérieure des feuilles, empêche la germination des spores et des conidies du mildew qui ont été apportées par les vents.

La bouillie cuivreuse, que l'on appelle généralement bouillie bordelaise, du lieu où elle a pris naissance, est semée en gouttelettes sur la face des feuilles; deux ou trois taches suffisent pour préserver la feuille tout entière, et aussitôt sèches, elles font corps avec la feuille, la protégeant ainsi, jusqu'au moment où la végétation s'arrête, à la chute des feuilles.

Au début, on employa dans la Gironde, un simple petit balai de bruyère que l'on plongeait dans un sceau de bois (le fer serait rongé) renfermant la bouillie. Cette manière d'opérer est bonne, mais outre qu'elle exige beaucoup de main-d'œuvre et qu'elle est un peu lente, elle consomme beaucoup de matière. On a fabriqué des instruments pour arriver plus vite, et aujourd'hui on possède des pulvérisateurs qui répandent la bouillie bordelaise en gouttelettes si fines que l'on dirait un brouillard. Un des meilleurs, celui que j'emploie, est fabriqué et vendu par MM. Japy frères, à Beaucourt (Haut-Rhin français); son prix est assez modéré et à la portée de toutes les bourses. Il coûte 38 francs.

Indépendamment de la bouillie bordelaise un procédé fort recommandable et que chacun devrait essayer est celui préconisé par M. Audoynaud.

Pour fixer le cuivre sur les feuilles, il propose de l'appliquer sous la forme d'eau céleste ou de sulfate de cuivre ammoniacal. Sous cette forme il serait très adhérent, et on pourrait diminuer de beaucoup la quantité de sulfate de cuivre.

Le mélange est le suivant :

Dans un vase en grès ou en bois, on place un kilogramme de sulfate de cuivre, sur lequel on verse deux à trois litres d'eau chaude, on agite avec un morceau de bois; quand le liquide est froid, on ajoute environ un litre d'ammoniaque du commerce titrant 22 degrés Beaumé. Puis on verse ce mélange dans un fût contenant environ quatre cents litres d'eau bien propre, on agite le tout soigneusement, et on a la quantité de liquide suffisant pour un hectare.

Pour le répandre, on se sert du même pulvérisateur que pour la bouillie bordelaise.

Les échalas sulfatés, c'est-à-dire plongés dans un bain de sulfate de cuivre, pour les garantir de l'humidité et les empêcher de pourrir, ont le précieux privilège de protéger les souches aux pieds desquelles ils sont plantés. C'est un avantage qui produira effet pendant l'année où les échalas neufs auront été mis en place; mais, pendant cette année seulement; peut-être les vignes seront-elles un peu garanties pendant la deuxième année, je n'ose l'affirmer.

Mais il est bon de rappeler ici, pour terminer, que l'invasion du mildew est foudroyante et qu'il faudra agir préventivement, c'est-à-dire avant l'apparition de la maladie, si l'on ne veut pas apporter plus tard des secours à un mort ou à un mourant. On devra donc faire un premier traitement un peu avant la floraison du raisin, et un autre première quinzaine de juillet, suivant que le temps sera humide, pluvieux, ou deuxième quinzaine de juillet, s'il se maintient sec.

TABLE DES MATIÈRES

	Pages
Divisions	5
La vigne avant le phylloxera	7
D'où nous vient le phylloxera	9
De la découverte du phylloxera	10
La lutte et la reconstitution des vignobles	15
Clinton	16
Taylor	17
Vialla	17
Rupestris	18
Solonis	19
York-Madeira	19
Riparia géant glabre	20
Jacquez	23
Vin de jacquez	25
Herbemont	26
Othello	28
Semis	30
Bouturage	31
Conservation des boutures, soins à leur donner	32
Marcotte simple	34
Provignage par Versadi	35
Provignage chinois	35
Adaptation	36
Greffage	38
Choix des greffons	41
Époque du greffage	42

	Pages
Greffe en fente ordinaire	43
Greffe en fente pleine	44
Greffe anglaise	45
Ligatures et engluements	46
Soins à donner aux greffes	47
Espèces de vignes à greffer	48
Plantation et taille	49
Engrais de la vigne	55
Des insecticides	57
Du mildew	61

Typ. Oberthür, Rennes—Paris (726-87)